# PREPARACIÓN Y AYUDA PARA EL NUEVO CURSO (8)

# ÍNDICE DE LA SERIE

4

1 : EL UNIVERSO: Cosmología, Astronomía y Astrofísica

2 : GEOLOGÍA

3 : FÍSICA Y QUÍMICA

4 : "MATEMÁTICAS SIN FÓRMULAS: Entendiendo los conceptos antes de usar los símbolos"

5 : "MATEMÁTICAS: Visión y repaso general; Derivadas; Ecuaciones diferenciales y métodos de solución; Aplicación : `El oscilador armónico´"

6 : TEORÍA DE LA RELATIVIDAD

7 : "TEORÍA CUÁNTICA: Comprensión y explicación del átomo y la Tabla Periódica de los elementos"

8 : FÍSICA DE PARTÍCULAS

9 : GRAVEDAD CUÁNTICA

10 : SUPERCUERDAS Y TEORÍA M

11 : MOLÉCULAS ORGÁNICAS, GENÉTICA Y BIOLOGÍA MOLECULAR

12 : TEORÍA CUÁNTICA (2): SIGNIFICADO DE LA "FUNCIÓN DE ONDA"

13 : CEREBRO Y REALIDAD

14 : EL UNIVERSO COMO UN COMPUTADOR CUÁNTICO

15 : FISIOLOGÍA: El cuerpo humano

# 8 FÍSICA DE PARTÍCULAS

El concepto de "campo cuántico"

Las fuerzas nucleares

Física de partículas

La unificación de las fuerzas

Unificación electrodébil

Cromodinámica cuántica

Las GUT y el modelo estándar

## El concepto de "campo cuántico"

La teoría de la relatividad, como ya vimos, es una consecuencia lógica de la teoría del campo electromagnético. Al fusionarla con la teoría cuántica hace que esta adopte la forma de una teoría de campos, pero con las restricciones que imponen los principios cuánticos. De modo que se habla de "campos cuánticos". Cada campo lleva asociado un cuanto. Por ejemplo, el fotón es el cuanto del campo electromagnético; el electrón es el cuanto del campo de materia del electrón, y así para todas las demás partículas. La estructura de cada campo viene determinada por la estructura matemática que lo describe, llamada "espinor". Cuando hablamos de "partícula" o de "campo cuántico", no podemos separar los dos conceptos, sino que están íntimamente unidos en el conjunto matemático denominado "espinor", que contiene los datos necesarios para calcular las probabilidades de hallar los valores de las diferentes variables o manifestaciones energéticas de cada "partícula cuántica".

## Las fuerzas nucleares

El peso atómico de muchos elementos no se podía explicar solo con el número de protones que había en el núcleo de sus átomos. Por lo tanto se dedujo que debería existir en el núcleo una partícula que no contribuye a la carga eléctrica, pero sí contribuye al peso. Se la llamó "neutrón" (por ser eléctricamente neutra).

En los núcleos con más de un protón (todos excepto el hidrógeno), la repulsión eléctrica debería hacer que las cargas del mismo signo se separasen con una fuerza considerable. ¿Cómo pues pueden permanecer unidos en el núcleo los protones cargados positivamente?. Eso prueba que debe existir una nueva fuerza, además de las que hemos considerado hasta ahora (gravedad y electromagnetismo). Esa fuerza debe ser mucho más intensa que la fuerza eléctrica y actuar entre protones y neutrones. Sin embargo su alcance debe ser muy corto (de las dimensiones del núcleo atómico), de modo que cuando dos protones se separan más allá de su alcance, predomina la repulsión eléctrica. El neutrón, que participa en la interacción fuerte, pero es eléctricamente neutro, sin duda contribuye a la estabilidad del núcleo. Pero en los elementos más pesados, los núcleos contienen muchos protones. La distancia entre algunos de ellos rebasa el alcance de la fuerza nuclear fuerte, y la repulsión eléctrica gana; el núcleo por lo tanto emite partículas al exterior. Esa es parte de la explicación de que los elementos más pesados de la tabla periódica sean radiactivos, y de que el número de elementos posibles con núcleos estables esté limitado (eso explica el número de elementos de la tabla periódica).

Se descubrió además que para explicar un tipo de desintegración radiactiva (la desintegración beta), había que apelar a otro tipo de fuerza nuclear. A la interacción entre "partículas" debida a esta otra fuerza se le llama "interacción débil". Hay pues cuatro fuerzas conocidas en el Universo: gravedad, electromagnetismo, nuclear fuerte y nuclear débil.

# Física de partículas

Los experimentos a mayores energías que se hacían en grandes aceleradores de partículas, hicieron aparecer una gran cantidad de nuevas "partículas". Como se había hecho con los elementos de la tabla periódica, estas se fueron clasificando según sus propiedades, y así, como ocurrió con la tabla periódica, se fue descubriendo un orden subyacente fundamental, que tal vez podría explicar las propiedades de todas las partículas conocidas. Los protones, neutrones y otras partículas pesadas, por ejemplo, se podían considerar como diferentes combinaciones de unas entidades más fundamentales llamadas "quarks" (El nombre lo tomó el físico Murray Gell-Mann de una novela de James Joyce, "Finnegan´s wake", en la que el escritor hace juegos de palabras; en un lugar de esta obra aparece la expresión: "three quarks for muster Mark!"). Los quarks no se pueden observar por separado porque están fuertemente unidos por unos campos cuánticos cuyos cuantos se denominan gluones (del inglés "glue": pegamento o cola).

## La unificación de las fuerzas

La unificación que supuso la teoría de Maxwell del campo electromagnético, es un ejemplo de la importancia de los principios de simetría en física. Supongamos que solo conociéramos la existencia del campo eléctrico. Podemos imaginar una distribución de cargas eléctricas en un determinado lugar. Entre ellas existirán fuerzas debidas al campo eléctrico. Podemos describir numéricamente la intensidad de esas fuerzas entre los diferentes puntos donde se encuentran las cargas. Ahora supongamos que incrementamos el potencial eléctrico en la misma cantidad en todos los puntos, añadiendo más cargas en cada punto, la misma cantidad de ellas. La intensidad de la fuerza, entre los diferentes puntos, será la misma, puesto que dicha intensidad se debe, no al potencial en sí mismo, sino a la diferencia de potencial entre los diferentes puntos cargados. Podemos decir que la intensidad de la fuerza eléctrica es invariante ante cambios globales del potencial eléctrico. Pero ¿qué ocurre si en vez de un cambio global del potencial eléctrico, hacemos un cambio local, es decir, cambiamos el potencial solo en algunos puntos pero no en otros?; si solo existiera el campo eléctrico la invariancia no se mantendría: Pero, según la teoría de Maxwell, los cambios locales del potencial equivalen a mover las cargas de unos puntos a otros; para hacer cambios locales de potencial, tenemos que mover las cargas, y al hacerlo se genera un campo magnético, de manera que la disminución del potencial eléctrico en un lugar, es compensada por el aumento del potencial magnético, de manera que las ecuaciones de Maxwell se mantienen invariantes, aún bajo cambios locales del potencial. A esta invariancia se le llama "invariancia de calibrado", o "invariancia de contraste" (porque "contrastar" tiene el mismo sentido que "calibrar" o "medir": para medir algo lo comparamos o contrastamos con la "unidad de medida" que usemos; a veces se usa simplemente el término inglés sin traducir "gauge", que aplicaba a cierto instrumento de calibración); el campo magnético actúa así como un "campo compensador"; si pensamos en un sistema de cargas eléctricas en movimiento, el sistema contiene también, en todo momento, las correspondientes variaciones de potencial magnético generadas por el movimiento de las cargas; debido a eso, aunque los potenciales estén cambiando en cada punto, la suma total (potencial eléctrico + potencial magnético, del sistema entero, permanece constante); es parecido a lo que vimos que ocurre en mecánica entre energía cinética y energía potencial. Los físicos dicen que la existencia del campo electromagnético, unificado por su íntima relación expresada en las ecuaciones de Maxwell, es la manera que tiene la naturaleza de mantener una determinada simetría.

Tal vez el origen de los demás campos también se deba a la necesidad de mantener ciertas simetrías. Esta pudiera ser una clave importante; si investigamos las leyes de conservación, las invariancias y las simetrías que se cumplen en el mundo de las partículas subatómicas, tal vez se puedan describir todas con una sola teoría unificada. Las simetrías se estudian con ayuda de una rama de las matemáticas conocida como teoría de grupos. La teoría de quarks fue un avance importante para entender la interacción fuerte. Todas las posibles combinaciones e interacciones de la teoría se describen por medio del grupo denominado SU (3), grupo especial de matrices unitarias unimodulares 3 x 3; el grupo determina todos los intercambios, transformaciones y simetrías que se dan en la interacción fuerte. Para hacernos una idea, retornemos al ejemplo más sencillo del electromagnetismo cuántico, donde interaccionan dos tipos de "partículas" o "campos cuánticos", el electrón y el fotón. La transición de un estado energético a otro, del electrón, se realiza mediante la absorción o emisión de un fotón de frecuencia determinada.

La interacción fuerte funciona de manera semejante, aunque algo más complicada; en electrodinámica cuántica solo intervienen dos campos, electrón y fotón. En cromodinámica cuántica (que es como se llama la teoría que describe la interacción fuerte), intervienen unas cuantas variedades de quarks y gluones, por lo que son posibles más intercambios y más interacciones.

El designar a los quarks por colores es solo una forma de diferenciarlos y de ahí viene la expresión cromodinámica cuántica. No significa que los quarks tengan realmente color.

Vemos que unas partículas se transforman en otras, emitiendo o absorbiendo el intermediario adecuado. Aunque cambian las identidades de las partículas, la suma total de energía, carga y otras propiedades que se conservan, permanece constante, de acuerdo con las correspondientes leyes de conservación; se podría considerar que hay solo una gran superpartícula que es "girada" o "rotada" a diferentes estados, por medio de hacer las transformaciones necesarias, aplicando las matrices adecuadas y sus correspondientes operaciones matemáticas; como ocurría con el campo electromagnético, los cambios de valores en un lugar, se compensan con cambios correspondientes en otros. Se podría considerar que todas las partículas conocidas son diferentes manifestaciones de una misma entidad, cuyas características (como carga, masa, espín y otras) pueden tomar diferentes valores. A su vez se han formulado teorías que intentan unir en un solo esquema las interacciones fuerte y electrodébil. A estas teorías se las llama GUT (teorías de gran unificación).

## Unificación electrodébil

La parte de esta teoría que unifica la interacción débil y el electromagnetismo, ya ha sido confirmada por el experimento, al hallarse las partículas mediadoras predichas.

## Cromodinámica cuántica

Está representada por el grupo SU (3), grupo especial de matrices unitarias unimodulares 3 x 3; Se considera la teoría correcta de las interacciones fuertes. Al incluir todas las combinaciones posibles de quarks, la teoría predijo nuevas partículas que fueron halladas.

## Las GUT y el modelo estándar

Algunas teorías de gran unificación, o GUT que se propusieron en el pasado no han obtenido confirmación experimental; los físicos describen las fuerzas fuerte, débil y electromagnética, con el llamado "modelo estándar", que es simplemente el producto de los tres grupos SU (3) x SU (2) x U (1); las matrices del primero nos dan los elementos que explican la interacción fuerte, el otro la débil y el otro la electromagnética; los elementos del grupo producto de dos grupos son simplemente parejas de elementos, uno de cada grupo; así el producto de grupos del modelo estándar nos da las diferentes partículas y campos mediadores de la interacción fuerte, y por cada uno de ellos, las parejas que forman con el grupo de la interacción débil, y por cada una, las posibles asociaciones con los elementos del grupo que define el electromagnetismo.

## La teoría cuántica y la Tabla periódica

Cuando ya la química se había desarrollado hasta el punto de identificar los elementos básicos constituyentes de todas las sustancias, cuyo número ha resultado ser de unos cien aproximadamente (la cifra es un poquito mayor, al añadir elementos radiactivos pesados), se hicieron intentos de clasificarlos según sus propiedades. Se descubrió lo que se llamó la ley de las octavas: colocando los elementos por orden de peso, empezando por los más ligeros, las propiedades químicas son muy semejantes cada ocho elementos (por ejemplo, el oro se parece al cobre, el sodio al potasio etc.). Las propiedades químicas guardan por tanto una periodicidad. Finalmente Mendeleiev confeccionó una tabla de todos los elementos conocidos en su época, y los organizó (en filas y columnas) por periodos: los elementos con propiedades químicas semejantes aparecían, unos bajo otros, en la misma columna de la tabla. Confiando en la ley de la periodicidad (o repetición de propiedades químicas semejantes), Mendeleiev dejó algunos huecos vacíos en su tabla, y supuso que correspondían a elementos aún no descubiertos, cuyas propiedades se podían predecir, ya que la tabla indicaba el periodo al que pertenecían. Con el tiempo se descubrieron dichos elementos y tenían las propiedades conjeturadas de antemano por Mendeleiev.

En aquel tiempo no se sabía lo suficiente de la estructura atómica de cada elemento, como para poder entender la razón subyacente del orden que manifiesta la tabla periódica. La teoría cuántica, descubierta en el siglo XX, ha revelado la razón de la repetición de propiedades químicas, explicando así la tabla periódica.

Los electrones se organizan en diferentes niveles energéticos, y dos electrones no pueden estar en el mismo estado. El estado de cada electrón se indica, ya incluso en la teoría cuántica antigua, por cuatro números llamados números cuánticos. El primero, llamado N, indica el número de órbita y va tomando valores consecutivamente desde 1 en adelante. El segundo número cuántico, L, es el valor del momento angular del electrón. El tercer número cuántico, M, indica el momento magnético del electrón (al ser una carga eléctrica en movimiento genera magnetismo, y por eso tiene un momento magnético), que se manifiesta al someter al átomo a un campo magnético. El valor energético en el campo magnético depende de la orientación de la órbita con respecto a dicho campo; es lo mismo que si colocásemos un imán en un campo magnético; el efecto de dicho campo dependerá de la orientación del imán. Como las reglas de la teoría cuántica requieren que el momento angular esté cuantizado, el momento magnético, que depende del momento angular y de las posibles orientaciones de la órbita en el campo magnético, también estará cuantizado.

El número de orientaciones posibles es siempre impar, pues comprende los valores positivos, y el mismo número de valores negativos, lo que totaliza un número par, pero como hay que añadir el cero, el total de orientaciones siempre es impar. Por eso se puede calcular por la fórmula 2L + 1, que representa toda la sucesión de impares (2L siempre será par, porque multiplicamos cualquier número "L" por 2, y si después le sumamos 1, obtendremos un impar); así, por cada valor de "L" habrá "2L + 1" valores de M. Ahora bien, la suma de impares consecutivos cumple también esta sencilla relación:

$$1^2 = 1$$

$$2^2 = 1+3 = 4$$

$$3^2 = 1+3+5 = 9$$

$$4^2 = 1+3+5+7 = 16$$

De modo que los resultados de ir sumando consecutivamente impares se obtienen con la sencilla fórmula $N^2$

Ahora hablemos del cuarto número cuántico: Al observar un desdoblamiento de las líneas espectrales emitidas por el átomo sometido a un fuerte campo magnético, se pensó que el electrón podía ser como una especie de pequeña esfera girando en torno a su propio eje, bien en la dirección de las agujas del reloj, o en sentido contrario; era un grado de libertad adicional del electrón que influía en su respuesta al campo magnético y explicaba los resultados experimentales (líneas del espectro). De modo que si $N^2$ nos permite saber el número de posibles combinaciones de los tres primeros números cuánticos, ahora hay que multiplicar por dos para incluir los dos posibles estados debidos al cuarto número cuántico, llamado número de espín (del inglés "spin", giro). Equipados con estas ideas podemos ir "construyendo" átomos, con la condición de que los cuatro números cuánticos de cada electrón no sean iguales, para no tener el mismo valor energético (principio de exclusión de Pauli):

| N | L | M | S |
|---|---|---|---|
| 1 | 0 | 0 | +1/2 |
| 1 | 0 | 0 | -1/2 |
| | | | |
| 2 | 0 | 0 | +1/2 |
| 2 | 0 | 0 | -1/2 |
| 2 | 1 | +1 | +1/2 |
| 2 | 1 | +1 | -1/2 |
| 2 | 1 | -1 | +1/2 |
| 2 | 1 | -1 | -1/2 |
| 2 | 1 | 0 | +1/2 |
| 2 | 1 | 0 | -1/2 |

y así sucesivamente; de modo que el número máximo de electrones en cada nivel energético N, se puede calcular por la fórmula $2n^2$:

$$2 . 1^2 = 2 . 1 = 2$$

$$2 . 2^2 = 2 . 4 = 8$$

Se pueden colocar un máximo de dos electrones en el primer nivel y ocho en el segundo, lo que explica la ley periódica de las octavas (el que cada ocho elementos se repitan las propiedades químicas), porque las propiedades químicas dependen del número de electrones de la última capa, lo que determina su afinidad química, su capacidad para combinarse con otros elementos. Conocer estas leyes gracias a la teoría cuántica permite saber cómo están organizados los electrones en el átomo de cada elemento, y entender así la razón de sus propiedades químicas. Por ejemplo, ahora se sabe que los gases nobles, tienen todos su última capa completa con ocho electrones, y esa es la razón de que sean inertes: como su última capa está completa y no admite más electrones, no se asocian con otros elementos para compartir electrones y por tanto son inactivos químicamente. A medida que se avanza en la tabla periódica, la ley de las octavas no se cumple exactamente, pero esto también ha sido explicado: A medida que aumenta el número de cargas eléctricas en el átomo, la atracción hace que algunos electrones, que deberían estar en niveles más externos, pasen a ocupar niveles más bajos.

www.ingramcontent.com/pod-product-compliance
Lightning Source LLC
Chambersburg PA
CBHW030603220526
45463CB00007B/3156